人为什么活着

稻盛开讲
1

稻盛和夫

蔡越先————

————译

（日）

人民东方出版传媒
People's Oriental Publishing & Media

东方出版社
The Oriental Press

图书在版编目（CIP）数据

稻盛开讲 . 1，人为什么活着 /（日）稻盛和夫著；蔡越先译 . — 北京：东方出版社，
2014.12

ISBN 978-7-5060-7931-0

Ⅰ . ①稻⋯ Ⅱ . ①稻⋯②蔡⋯ Ⅲ . ①稻盛和夫—企业管理—经验 Ⅳ . ① F279.313.3

中国版本图书馆 CIP 数据核字 (2014) 第 309814 号

INAMORI KAZUO CDBOOK SERIES IMA「IKIKATA」WO TOU ①
DOIKIRUKA NAZEIKIRUKA
Copyright© Kazuo Inamori 2008
Simplified Chinese translation copyright © ORIENTAL PRESS 2014,
All rights reserved
First original Japanese edition published by SUNMARK PUBLISHING, INC.,Japan 2008
Simplified Chinese translation rights arranged with SUNMARK PUBLISHING, INC.,Japan
through BEIJING HANHE CULTURE COMMUNICATION CO.,LTD.

本书中文简体字版权由北京汉和文化传播有限公司代理
中文简体字版专有权属东方出版社
著作权合同登记号 图字：01-2014-8470 号

稻盛开讲 1：人为什么活着
（DAOSHENG KAIJIANG 1：REN WEISHENME HUOZHE）

作　　者：[日] 稻盛和夫
译　　者：蔡越先
责任编辑：贺　方
出　　版：东方出版社
发　　行：人民东方出版传媒有限公司
地　　址：北京市东城区朝阳门内大街166号
邮政编码：100010
印　　刷：北京联兴盛业印刷股份有限公司
版　　次：2015 年 3 月第 1 版
印　　次：2025 年 3 月第20次印刷
印　　数：82 001–85 000 册
开　　本：787 毫米 × 1092 毫米 1/32
印　　张：4.625
字　　数：34 千字
书　　号：978-7-5060-7931-0
定　　价：36.00 元
发行电话：（010）64258117 64258115 64258112

扫码即可收听有声版

提高心性

拓展经营

编者按

京瓷及 KDDI 的创始人稻盛和夫先生，作为聚拢年轻企业家的盛和塾的塾长，为培养并提携经济界的新生力量倾注了毕生心血，通过盛和塾的历届活动，亲口传授其独树一帜的人生哲学与经营理念。

与此同时，作为经济、政治以及文化等众多领域的舆论领袖，稻盛先生的言谈常常备受瞩目。

稻盛先生的演讲字字珠玑，惜有幸亲临现场聆听者甚为有限。此次整理演讲原文，悉数结集出版，并将 CD 随书一同发售，望能惠及更多人士。

本系列丛书，若果真能为诸位的人生助一臂之力，成就辉煌未来，那真可谓是荣幸之至。

本书将 2001 年 7 月 17 日稻盛先生在盛和塾中部地区联合例会上的演讲整理成文，CD 中收录其演讲原音。会议现场录制，音质可能会有不尽人意之处，望能予以谅解。

本 CD 与 KCCS 管理咨询株式会社所

发售《稻盛和夫经营演讲录 CD 系列》第 54 卷《人生的真谛·活法的真理》内容相同。本书根据演讲录音整理，为阅读之便，稍作改动与编辑。

目录

人生的推动力——命运

人生的横轴——因果报应法则

因果报应法则改写命运

如何度过波澜起伏的一生

人生的目标——提升心性

一生遵循佛祖的教诲

人生的推动力——命运

人各有命

当下，经济形势萧条。话虽如此，如果逐一询问："贵公司状况如何？"有人会回答："本社还凑合。"也有人坦言："确实不行。"而冰激凌或清凉饮料的生产厂商却说："今年酷暑，业绩比以往好得多！"真可谓千差万别！虽说大环境每况愈下，各家企业的实际情况却不尽相同。

由此不禁联想到我们的人生。每当追问"人这一辈子究竟何去何从"，我们首先要意识到，每一个个体都有其与生俱来的"命运"。具体说来，命运，即一生怎样度过，每个人是先天注定的。

而且，命运不仅主宰着个体的人生，世间万事万物皆有命数——地球的命运、日本国的命运。大到日本国，小到名古屋这样的城市，都有各自的命运。于是，个体的命运必定裹挟在命运的洪流之中，起落沉浮。

综观日本，政坛无所作为，经济后劲不足，但不能由此认定各行各业都了无希望。

即便江河日下，万般不景气，也不乏某些领域正方兴未艾。

地球那般广袤的命运激流之中，日本一国的命运、各地区的命运乃至每一个个体的命运都随波起伏。

那么，多重命运几经叠加，最终反映在每个个体上，会呈现出截然不同的局面。所以在同样不景气的环境下，个人的命运却好坏不一。

原以为彼此境况相差无几，实则不然，因为各自经历迥异。

命运的洪流之中，个人的命运如一叶扁

舟，风雨飘摇，自然有涨有落。

几重洪流，此消彼涨，此起彼伏——这就是所谓命运。

否定命运
全然无益

接受近现代教育的人通常不相信命运之说，认为万事无不出于偶然。例如，感染疾病、遭遇交通事故、公司破产、经营顺利等，这一切皆缘于偶然，一次又一次的偶然，构成了人生。

命由天定，似乎是无稽之谈，常有人一笑置之，视其为招摇撞骗的伎俩，不可信以为真，把现代科学尚无法证明的东西一概说成迷信。

然而，命运却是人类有史以来不容回避的一个重要问题。

正如我刚才向诸位强调的，生老病死、悲欢离合，一生中的种种境遇从何而来，的确让人百思不得其解。

自古以来，一旦承认命运，人们便会平添苦恼——我的未来将会如何？从而孜孜不倦地探索答案。

为此，中国诞生了《易经》，这是一门正经的学问。摇晃卦筒中的卜签来算卦，在中国延续了数千年，称为"易学"。欧洲也有星相学或叫占星术，也是一门相当高深的学问。

有史以来，人类在浩如烟海的典籍之中找寻预知未来之术，设法推测命运。人生之路上，我们为何会感染疾病，遭遇不顺，为何要与和员工一起辛苦打拼？人类自古就为解答这些疑问伤透了脑筋。

人们总想，自己境遇如此，也许就是命运作祟，所以每个人自然而然地都希望能够推测命运，预知未来，所以易学占卜和欧洲的占星术才会如此兴盛。一代又一代，全力以赴地钻研这些"学问"。

命运之说虽然并不合乎科学，也不能为现代学术与科学所证明，但我却认为，命运的存在是不容争辩的事实，应当予以认同，否定其存在全然无益。在我看来，相信命运反而会帮助我们更好地理解人生，从而明晰生存之道。

我是理工科大学出身，尤其喜好数理化，不合逻辑之事一概不认。我的所有工作都通过化学分析展开，进行技术研发。说起来，我也是一个"道理与科学至上"的人。

活到现在，每当谈及人生，我总会认

为，否定命运，徒劳无益。岂止无益，甚至可能有害！依我之见，很有必要承认命运的存在。

希望诸位在思考人生的时候，首先认同并理解人各有命，宏大的命运之中存在着个体的命运这一观点。

敬天愛人

人生的横轴——
因果报应法则

心生念，念生因，因生果

命运贯穿人生的纵轴，人的一生沿着命运这条纵轴顺流而下。

同时，人生还有一条横轴——宛如经纱和纬纱交织穿梭——这条横轴即为因果报应法则。

所谓因果报应法则，即好因、好事会产生好的结果，坏因、坏事会导致坏的结果——善因生善果，恶因得恶果。因果报应法则是人生的横轴。

"因"是指人生在世，自己的所思、所想、所为，我称之为"念"。由念生业（佛教教义称一切行为、言语、思想为业，分别叫作身业、口业、意业，合称三业，包括善恶两面。——译者注）。

我们常以为"想想无碍"，然而，这岂是无关痛痒的小事？实质上，一思一念都会造成"因"，更何况怨恨、委屈如此种种，闪念之间，"因"已形成。

因必生果。释迦牟尼佛祖曰"因缘果报"，因不会一成不变，有因必有果。

念生业。业即为因缘。有因缘，必会生结果。

一言以蔽之，存善念，行善事，得善果；动恶念，行恶事，得恶报——这就是因果报应法则。

长远视之，
因果必相合

　　因果报应法则中，与因相应的果并不一定立即出现。因此，我们往往很难认同这一法则。

　　某人做了无数好事，为何还在受苦？又有某人，人品一流，常年行善，却为何不幸倍受病痛折磨？

　　而另一些人呢，一肚子坏水，作恶多端，外人看来他却事事称心如意，家庭和睦。这类情形也屡见不鲜。

因此，虽然僧人总在讲因果报应法则，我等俗人却常不以为然。

究其原因，符合因果报应法则的结果并不总是即时显现，需要一定的时间。为何如此不得而知，总之会有滞后。

依我的经验，因果报应的"果"的确有可能立现，但大多很难如此。然而，倘若将时间跨度延长，纵观20年、30年的人生，则必无例外。

因此，或许三年五载都不见结果，但纵观自己的一生，从20年、30年这样的时间跨度上去看，存善念，行善事，必得善果；动恶念，行恶事，必有恶报。这也是有目共睹的。

确实如此！拓展至30年的时间跨度，恶人不会一直兴旺，而好人却也不会总是坎坷——好人终将幸福。纵观30年，一切顺理成章。

然而，即便如此，仍然不乏例外。我原本不解其故，深为苦恼。而在那时，我得知了下面这件事。

据说20世纪初英国伦敦的一位执业医生，周末常会邀请十几位朋友来自己家开由他主持的"通灵会"。

通灵会上，一个自称西尔弗·帕奇的印第安鬼魂常会显灵。后来有家出版社将这位鬼魂的所述言论汇集成册，出版了《西尔弗·帕奇的灵言集》一书。书中有一节提到了因果报应法则。

"因果报应，所谓善有善报，恶有恶报，常常说不通。因此，有人将信将疑，甚至嗤之以鼻，而由我（指西尔弗·帕奇）所处之地来洞察人世，却是分毫不差。恶必有恶报。而存善念，行善事，终得善果。该法则必能应验，毫厘不爽"。

《西尔弗·帕奇的灵言集》中，虽然只有这么一小节，但读到的那一瞬间，我便拍案叫绝。

此前我参悟不透，倘若宇宙有造物主、天地间有神灵引领世人，那么，为何不让一切都完全顺应法则呢？

人世间，历经 30 年，才能最终实现因果报应，甚至仍有例外。老天会不会也有偏袒呢？

然而，读罢《西尔弗·帕奇的灵言集》，我才茅塞顿开："由我（指西尔弗·帕奇）所处之地来洞察人世，却是分

毫不差。恶必有恶报。而存善念，行善事，

终得善果。该法则必能应验，毫厘不爽。"

因果必報不必躁

因果报应法则

改写命运

积德行善，
为何不见当即好转

虽说善有善报，然而人各有命。

地球的命运洪流卷裹着国家的命运、地区的命运，而个体的命运也夹在其中，随波漂流。若将一个人的命运作为其一生的纵轴，那么因果报应法则则是横轴。

这两大法则，主宰着我们每个人的全部人生，其中，因果报应法则的力量略强于命运。

因此，虽说命由天定，却不会一成不变。因果报应法则的力量足以改变命运，一个人并不会原封不动地依照既定的轨迹过一辈子。

向善、行善，必得善果。因此，有人虽厄运连连，却正因为向善、行善，幸免于一败涂地。反之，原本命运颇佳，蒸蒸日上，却动恶念，作恶事，则无异于作茧自缚。

命运法则与因果报应法则两相呼应，从而改写一个人的生命轨迹。

所以，行善未必立即得善报，道理不似

1+1=2 这般简单，缘由在此。

　　具体说来，尽管命运不济，但却因行善才不至于让自己一落千丈，或者说让自己有惊无险。如此一来，尽管因果报应法则的结果已经显现，却会让人产生"明明做了好事，却并不见起色"的误解。

一己之力
改变命运

中国古籍《阴骘录》记载着袁了凡这样一个人物的故事，该书印证了因果报应法则的力量足可以改变命运。

袁了凡幼时遇见一位仙风道骨的白发老者。老者见到少年了凡，对他的母亲说："这位母亲希望孩子学医？"

母亲答道:"的确如此。丈夫早逝,他原是医生。我们家世代行医,先祖也是医生。所以希望孩子也能继承衣钵。我们母子二人相依为命,孩子学医是一家的夙愿。"

然而,老者观少年了凡面相后,说道:"此言差矣,这孩子成不了医生。他命中注定是官场中人,考科举、得功名。某岁通过县试、然后通过府试,最终赴京赶考,金榜题名,授赏官职,年纪轻轻便封县令。婚后膝下无子,53岁寿终正寝。"

少年了凡与母亲听了白发老者一番话，觉得不可思议，但之后少年了凡的成长历程果然不出老者卜算。某年考中第几名，某年有何遭遇，了凡的人生无一不被老人言中。

不久，了凡出任县令，前往该地乡间的一所禅寺拜访高僧。

了凡与高僧相对坐禅。他虽少年得志，打坐入定时却心思澄明，毫无妄念，高僧大为惊叹，询问缘由。

"为何你年纪不大，禅定功力却如此深厚。曾在哪里修行？"

"我从未正式修行。"

"那为何坐禅三日，不见起一个妄想？"

"是，我无所妄想。"

"这又是为何？"

"我幼时曾邂逅云游的老者，蒙他卜算命运，直至今日，命运不出老者所言。我一生已被算定，何妄之有？功名利禄已到尽头，结婚也不会生育子嗣，53岁寿终正寝。我心中无惶无恐，无烦无恼，澹然无所求，听天由命罢了。"

高僧听罢此言，怒道："我当你是豪杰，谁知不过一介凡夫俗子。"

于是，高僧便向了凡讲解了因果报应法则：

"你刚刚一派胡言！人虽有命，绝非一生已成定局。命运，不等同于宿命，未尝不可扭转。既有因果报应，命运便可以改变。从今往后，你若求取更好的人生，此时此刻起，积累德行，力行善事。如此，你的命运必将不同。"

了凡年少为官，却生性秉直，

将高僧一席话铭记于心，回家后向妻子转述。

其妻也是温良之辈，说道："真是了得！只不过，一个人积德行善，恐怕不容易成事。不如两人相持，一同行善。当动了恶念、想做恶事时，两人互相警示；记录功过格，善则画圈，恶则画叉，互相监督。"

有夫人相助，了凡坚持行善，命运从而得以更改。53岁竟然无恙，并且生有一子，直至七十多岁卒，一生功成名就。

由于讲述因果报应改写命运的书籍并不多见，安冈正笃常常提及此书。

相信诸位读罢便会醒悟——因果报应法则会产生强大的影响力，足以改变命运。

因此，积德行善，善果并非立现，会有滞后。原因在于，我们的人生是由个人原本的命运和因果报应两条法则互相交织而成的。故而，因果报应法则并不一定能出现显而易见的结果。

恶运为何扭转

依我的人生经验，我认为，尽管人各有命，而因果报应法则会对命运施加影响，从而改写生命轨迹。然而，也有人疑惑，虽说"善有善报，恶有恶报"，有时却也不尽然。

究其原因，一是因果报应的结果会延迟显现；二是与命运交织重叠，结果不会显而易见。

当着诸位的面，我断然肯定命运的存在，但其实我自己从未占卜问卦。

年轻时也曾在神社求过几回签，但并无好感。尽是些上上签、中上签，我一概不喜欢——虽说我笃信命运。

究其原因，我虽然认为人各有命，却并不希望提前获悉，宁愿一无所知。

人生，尽力而为，足矣。无用之事，多知不但无益，甚至会背离常理，偏离正轨，搅乱人生。不如一无所知，尽力而为。

年轻时，我的一位朋友对占卜问卦深信不疑，非常虔诚，从生活到事业，乃至健康，诸事无不问算命先生。

例如，搬家的时候，要打探方向和方位，以作参考，还常根据中国的风水来更换住宅。

此人常向一位算命先生咨询，不仅他自己的事情，每回最后必定将我的名字写给对方，替我打听（笑），问对方"此人如何"。然后给我打电话告知咨询结果。

有一次，算命先生将我的生辰八字问了个仔细，算出正是"天中杀"，即命运最恶的时期。

"哎呀，真是异乎寻常。那位可是京瓷

的稻盛先生吧！现在时运亨通，年少有为，当了社长。此人现在正是命运最差的时候，说不通啊！大概去年什么时候帮了什么人，行了什么善。你去问问看。倘若不是那样，按此人的生辰八字来算，今年运道特别差，尤其健康方面，甚至有可能丧命。按理不可能活得这么好，应该是发生了什么。"

据说这是算命先生的原话。

当时，我尚未领悟现在告知诸位的这些道理，吃了一惊，心想，竟有这种事。这也说明，哪怕命运已经沦落到谷底，依然能通过积德行善平息态势，维持现状。

由此说来，命运与因果报应法则两相加乘，则效果助长；两相对冲，则效果抵消。反之，作恶会让命运一蹶不振。

所以，因果报应法则，有时候不尽是"善有善报，恶有恶报"。

总而言之，命运与因果报应法则两相作用，结果好坏并无定论。也正由此，形成现在的人生。

遵循原理原则

如何度过
波澜起伏的一生

应对诸象之法

我们的人生，由命运和因果报应这两大法则支配，除此以外，别无其他。

两大法则，造就了芸芸众生。

那么，我们如何依据两大法则来应对人生中的种种现象呢？

例如，在经济不景气的态势之下，有人顺顺当当，有人节节败退，有人病病殃殃，有人如坐针毡……林林总总，不一而足。

应当如何应对？处理方式一变，人生会截然不同。

下面谈一谈应对之法。

波澜壮阔、
跌宕起伏才是人生

一个人天生注定的命运，一生中的所思所想、一举一动所带来的结果——因果报应法则，这两者构成了我们的人生。

日复一日，我们与"人生"相逢。有时凄风苦雨，有时春风得意，真可谓一生苦乐参半！

修习佛法时，最初的开示，即

释迦牟尼佛祖所言，观芸芸众生，苦乐相随，毫不留情，"诸行无常"。

万事万物不会恒常永久。今天活蹦乱跳，明天说不定就会病倒；今天经营状况良好，明天就可能开始走下坡路。

世间诸象——眼前发生的种种现象，不会恒常永久、一成不变的，即所谓"诸行无常"。

"诸行"指一切现象；"无常"，无法保持固定的常态。

人生波澜壮阔，起伏不定。佛祖曰：众生皆苦，人生即苦行。

人的一生，苦不堪言，释迦牟尼佛祖为解救芸芸众生脱离苦海而修行。

不求自身的救赎，身边的人无不在受苦。诸行无常，众生皆苦。为解救苦难的众生，释迦牟尼选择了出家之道。

我们眼前发生的一切表象都不是长久不变，而都是跌宕起伏的。常常以为一帆风顺，怎料情形急转直下——无论身体健康状况、经营形势、朋友关系，从无恒定。

以"感恩之心"
对待命运

　　某件事之所以发生，如前所述，必源于两大法则。某现象发生之时，每日如何应对，则至关重要。

　　而答案，不言而喻。即，无论境遇好坏，无论命运如何，都以一颗感恩之心相待。但这谈何容易！

　　例如"感谢苦难"，说来头头是道，实际遭受灾祸的人若要心怀感恩，实在很难，倘若修为不够深厚，不可能做得到。

然而，无论是否修习佛法，都希望诸位能理智地存有"感恩"的意识。倘若放任自流，那将万难达到，抱憾终身。

无论如何，遭遇苦难之时，我们必须秉持感恩之心，面对一切。

健康状况也好，其他方面也罢，一旦发生苦难或灾祸，不由得会冒出"凭什么偏偏我这么倒霉"的念头。

然而，我们必须理智地抑制杂念，心怀感恩，坦然相待。今日、此地，希望诸位将

"感恩之心"理智地存入意识之中。

这是先决条件。有人会认为，遇到好事的时候，自然而然会产生感恩之心，其实则未必。

天遂人愿时，会习以为常，甚至犹不知足，更遑论灾祸临头，又如何能够心怀感恩之心？

无论祸福，心怀感恩，真诚道谢——这是先决条件。

而多灾多难或者命运多舛时，不哀叹、不消沉、不怨恨、不诉苦，锐意进取，勇往直前——这是先决条件。

感恩之心是最积极进取的思想，其前提是，必须做到不消沉、不诉苦、不怨恨、不嫉妒、能吃苦。

得志之时应当感恩。我蒙上天眷顾，固然是好事，但真是受之有愧！若怀有这番感恩之心，一定不会居功自傲，而常常谦虚行事。

称心如意时，不会自命不凡；事业有成时，不会妄自尊大——对一切心怀感恩。

时运不济或者遭遇灾祸时，也应该秉持一颗感恩之心——既然天降难于我，那么，忍受苦难，经历磨炼，相信终会有收获。不诉苦、不怨恨、不嫉妒，忍耐、努力、坚持！

点燃辉煌的希望，勇于拼搏，锲而不舍——是先决条件。

一生不失质朴的
松下幸之助

松下幸之助先生幼时家道中落，辍学当了学徒，可谓命运坎坷，吃尽了苦头。但他却从不自怨自艾，一心跟随师傅，为获得师傅的首肯而勤勤恳恳、任劳任怨。

因勤快伶俐，松下幸之助先生深受客人喜爱。客人使唤他跑腿买烟，他也会高高兴兴地跑去街角的烟铺。

质朴开朗、不畏困境、坚韧不拔、顽强奋斗，这样的少年才能白手起家，创造出松下的伟业。

境遇相似的少年何其之多！有些孩子年纪不大心眼却不少，嫉妒同龄人吃得好、穿得好、能上学。如此一来，孩子会心理失衡，甚至心存芥蒂。

少年时期总是怨天尤人，这样的人成不了大气候、大人物。

另一方面，松下幸之助先生虽身处逆境，却安之若素。我虽然不知他是否对自己的命运、境遇心存感激，但可以看出他绝无半点嫉妒或怨恨之心。

正因为松下幸之助先生坦诚率真、甘于忍耐、勤于奋斗，才能功成名就。就我自己而言，之所以能有今日，也正取决于关键时刻的应对心态。

尽管目前遭遇逆境，但这也许是上天赐予我们大展宏图的绝好逆境。若能战胜逆境，我们必将苦尽甘来。因此，如何应对会关系着今后的命运走向。相反，飞黄腾达时，如果应对不慎，恐怕也将乐极生悲。

心存感恩之心，
理智地感恩

　　无论境遇好坏，以什么样的心态来应对，才是头等大事。

　　然而，只有修为高深的人才能凡事从容自如。追随释迦牟尼佛祖的悟道者，时刻怀有感恩之心，我们俗人难以企及，甚至还会反其道而行。

　　因此，我们唯有保持理智，以

作应对。

杰出的修行者，即便不言不语，自然而然能以感恩之心来处事。他们是证悟的修行者，我等俗人甚为不易。

因此，我们必须将"感恩之心"谨记于心，铭刻于理智，有意识地督促与自省。

坐而论道
不如身体力行

无论骨干企业，还是中小企业抑或小本经营，常有经营者略有小成后洋洋自得，甚至从此耽于逸乐，将企业毁于一旦。事无大小，人生中各种遭遇的应对方式，全然决定了今后的命运走向。

所谓从哪里跌倒，就从哪里爬起来。有的经营者因经营中小企业而崭露头角，但之后却自我陶醉，忘乎所以，只知自吹自擂，甚至沉湎于声色犬马，一手导致公司快要破产。

但有的经营者会由此悬崖勒马，反思自己之前的荒唐想法，如今企业经营出色，稳步发展。

人生，好坏交织，波澜起伏，所以无论境遇是否顺意，如何应对眼前发生的现象，进一步决定了人生的方向。

如此三言两语，诸位可能不太容易理解，另外，诸位恐怕也从未听过这么明确的结论。所以可能会过耳即忘，派不上用场。

因此，大家必须记录下来，用理性鞭策自己。经年的修行者、悟道者，无需听这些道理，也知道如何去做。然而，我等俗人很难践行。

道理浅显，五岁小孩子也能听懂。诸位都是大企业的老板，对你们唠叨这些无用之言实在失敬，然而，哪怕这么简单的事情，有些成年人也不明白，岂不令人唏嘘？

人生走到今天这一步，并非轻而易举，如果就此断送前程，对于当事者而言未免太不值得，对社会而言也是浪费，而并无瓜葛的我们同样为之扼腕。

铁一般的真理，掷地有声，却从没有人告知。正因为没人郑重其事地教导企业经营者，所以只能哀叹那些"豪杰"不复当年。

其实，大家对这些道理也并非一无所知。我向诸位由浅入深、层层分析到现在，想必诸位也已了然于心。然而，目前仍然止于泛泛理解，无法避免明知故犯。

人生只有一次，诸位都有好好过一生的权利和自由。

然而，倘若曲解了自由，用错了心思，放错了心态，不论过失大小，都将仅此一回，本应好好珍惜的人生断送，这类事件层出不穷。

对此，我深感忧心。

以上是第一部分"何为人生"，阐述
"人生由何构筑而成""人生中发生的现象如
何应对"。第一部分到此完结。

人生的目标——提升心性

在波澜壮阔的
人生中磨砺灵魂

接下来，谈一谈人生的目标。

前面已经阐明了人生的真相，那么，我们应当抱着什么目的度过一生呢？

答案就是：人生的目标是提升心性。我称之为：净化心志、升华心灵。一言概之，人生的目标，是提升心性、净化心志、升华心灵。

或者说，提升人性、提高人格。这些都是同义词，都是我们人生的目标。

人生在世，在命运和因果报应法则这两大法则的共同作用下，我们度过波澜壮阔、跌宕起伏的一生。这一生，我们提升自己的心性，净化心灵，提高人性，磨炼人格——这就是人生的目标。

换言之，经历着人生中的波澜起伏，借此淬炼灵魂——这就是人生的目标。

为社会为世人
鞠躬尽瘁的美好心灵

在波澜壮阔、跌宕起伏的人生中打拼，磨砺灵魂、提升人性、提高品格，以此作为人生的目标。以我本人为例，自年轻时候起，我就把人生的目标设定为——为社会为世人鞠躬尽瘁。

倘若品格尚不完善，心志不高，则达不到上述境界。所以，为世人鞠躬尽瘁，是我的人生目标。

为何得出这个结论？具体说来，我也好，诸位也好，都在为事业打拼。多年之后，声名鹊起，事业有成，不久，即将与世长辞。

人生在世，从出生到步入社会，这二十余年是充裕的预备期。在社会上尽心竭力、日夜操劳，约四十余年能为世人鞠躬尽瘁。那么，其后20年，就是迎接死亡的预备期。

于我而言，死亡是灵魂的崭新旅程。所谓"其后20年"，正是为灵魂启程做准备。最初20年、中间40年、最后20年——假设 80 年人生终结，那么一生的时间可以这样分配。

于是，60 岁时，我打算余下的 20 年时间为迎接死亡、踏上灵魂之旅做准备。然而，俗事繁多，忙得不可开交，无从开始。

65 岁后，时不我待，开始修习佛法，略知皮毛——这也是准备的一环。

在这样的情境下，我开始直视死亡，回首过往。所谓"声名鹊起、事业有成"，就我个人而言，是指创建京瓷、KDDI 等。

在这过程中我被戴上"响当当的实业家"这顶高帽，也被世界多所大学授予名誉博士称号等。

然而，一想到死亡，不禁思考，那一切对我而言，到底有什么意义呢？

积蓄财富、创立一流企业，果真是我的人生目标吗？年轻时，为把京瓷打造成备受世界赞誉的杰出公司而不遗余力。若以此作为目标而奋斗，似乎也已经遂愿。然而，这果真是我的目标吗？三思之后发觉，也不尽然。

人生在世，终其一生，为世间、为社会、为他人做出多大贡献，恐怕，这才是一个人的专属勋章！

甘于为世人奉献，需要拥有美好的心灵。所以，怀有美好的心灵，愿为世人鞠躬尽瘁，提升心性，磨砺灵魂——这才是人生的勋章，才不枉来世间走一遭！

随着死亡越来越近，我日渐彻悟——一颗历经淬炼、脱胎换骨的心灵才是真正的勋章。之所以这么想，是因为，即便肉体灰飞烟灭，我的灵魂——凝聚在心中的灵魂不会泯灭。

心灵会如何发生蜕变，取决于经历波澜壮阔的人生之后，灵魂能否比出生之时更胜一筹。

人生有苦有乐，一言难尽。遍尝世间百态，从而磨砺而成的灵魂，才是我的珍宝，是人生的目标。

而且，只有当灵魂踏上彼岸那一刻，才能知晓，这一辈子是否无怨无悔。

比出生时更胜一筹的
美好心灵

人生的目标是提升心性，磨炼灵魂，此事永无止境。

因此，莫问提升到什么层次，磨炼到什么程度。关键在于，是否有自发的意愿。若曾发愿，尽力而为即可。

磨砺心灵，磨炼灵魂，最终抵达释迦牟尼佛祖"大彻大悟"的最高境界。释迦牟尼佛祖通过修行、坐禅而悟道。若能抵达最高境界，人就会有璀璨夺目的美好心灵、高尚灵魂。

登峰造极之美，是大彻大悟的灵魂，我们常人难以企及。

然而，生命终了之时，灵魂比出生时略有进步，心灵也稍经磨炼。这也算成就了人生的价值。

也有人带着堕落而污秽的灵魂去往彼岸。切勿如此！决意把提升心性当成人生的目标，临终时，灵魂比出生时更加美好。淬炼光彩大气的心灵，这样才可谓达到了人生的目标。

一生完结时，心灵的境界参差不齐。境界越高，固然越好，但生命终结那一刻的灵魂、心灵远胜于降临人世之时，一生便有了价值。

人生的意義
在於磨練靈魂

一生遵循

佛祖的教诲

放之四海而皆准的
"六波罗蜜"教义

那么，如何磨炼心志？用我的话说就是"提升心性，拓展经营"。我认为"philosophy"，即哲学，在经营中必不可少——换言之，思维方式至关重要。在我的成功方程式"人生·工作的结果＝思维方式 × 热情 × 能力"中，我也谈到，思维方式非常关键。

作为企业的管理者，也必须具备哲学理念、思想观念和思维方式。所以，我提出"提升心性，拓展经营"这种思维方式。

Philosophy（哲学）正是磨炼心志的方法之一。此外，还有我将向各位解说的释迦牟尼佛祖的教诲——"六波罗蜜"这一修行的方法。

我还常提到企业管理者必须具备经营哲学。每回向诸位解说经营哲学时，我从不传授经营的独门秘籍之类，反而总谈及关乎经营根基的哲学理念。

所谓经营的原理法则，并不是只经营就

能行得通。"作为人，何谓正确？""将作为人应该做的正确的事情以正确的方式贯彻下去"才是根基。它要求经营者不仅懂经营，更要通人性。

所以，我所说经营的根本哲学，是与"人的本分"密切相关。倘若"人的本分"都做不好，谈何企业经营？

修习佛法后，我才意识到，这番经营理论与释迦牟尼佛祖所说的"六波罗蜜"本质相通。

"六波罗蜜"是释迦牟尼佛祖为帮助众人开悟而点化的修行方法。"磨炼心志并以

此作为人生目标”，具体该怎么做，答案与
“六波罗蜜”完全一致。下面向诸位阐述何
为“六波罗蜜”。

首先，
为他人尽心尽力

所谓"六波罗蜜"，即通过六项修行，磨炼心志，净化灵魂，最终抵达大彻大悟的境界。首先是"布施"，即施舍，为社会为他人而鞠躬尽瘁、死而后已。

我们身为实业家，是企业的经营者，追求正当利益，通过盈利来养活员工、贡献社会。这一过程中，我一直相当重视"利他"之心，即有利于他人。一般而言，经营者以自身利益为第一考虑，先行追求自身利益，若有余裕再分给他人。这是普遍做法，但却并不可取。

我向来提倡，帮助并施予对手，我们的事业才能成功！

有品行恶劣的评论家对此嗤之以鼻，说提倡利他之心，怎么可能搞好企业经营？我却认为这才是事业的真髓，缺乏利他之心，不可能成就真正的事业。

打个比方，泡澡的时候——近来家庭中一般都使用小型浴缸了——泡在澡盆里，用手掌把热水往对面推，水必定会反流回来。

恐怕有人觉得这话无聊可笑，但道理正在于此。倘若为了对方而将水往对面推，水必定会重新回来。

常言道："赠人玫瑰，手有余香。"为别人尽心尽力，自己也会受惠。助人即为布施，并不是只有向僧侣施舍香火钱才称为布施。广助他人，才是布施。

人生在世，常存"利他"之心，身体力行，此为修行之一。

知足乐天，
断除烦恼

第二项修行是"持戒"，即恪守戒律，断除烦恼，遵循为人准则。

如前所述，常常有人"这山望着那山高"，原本应当对成功心怀感恩，知足而后行，他们却志得意满，没有半点感恩之心，甚至得寸进尺，愈发目中无人。这就是"惑"，即烦恼。

　　人心不足蛇吞象。欲望的无底洞，可称
为"贪欲"。诸如此类统称为"烦恼"，断
除烦恼即"持戒"，抑制人的不义行为。

劳动塑造人性、
磨炼心志

第三项修行是"精进"，即付出不亚于任何人的努力。

布施，为世人尽心尽力，从而磨炼灵魂。持戒，杜绝不义之事，以此磨炼心灵。同时，精进、努力奋斗，是三者中最为重要的磨炼心志之法。

我们经营企业，夜以继日，任

劳任怨，这番辛苦操劳对磨炼心志、塑造人性最为有效。

因此，如果一位经营者勤勤恳恳、一丝不苟，那么他绝对不会是恶人。而经营上虎头蛇尾却又穷奢极欲的人，已然不可救药。凡事尽心尽责、兢兢业业，即便不刻意修行，也会造就杰出的人格。

劳动并不纯粹为了获取生存所必需的粮食，还能塑造人性，其重要性不言而喻。然而，进入 20 世纪后，劳动这一行为的意义和价值，被过度的"唯物化"。

其中，"劳动只不过是获取报酬的一种

手段""为赚得生存所需的粮食而工作"这种思想广为传播。

好逸恶劳，沉湎于个人的娱乐消遣、兴趣爱好——这种人生才叫精彩，我们一直被灌输这样的观念。

于是，我们轻视劳动，不愿工作。第二次世界大战后，劳动时间不断缩减，误认为这是正确的方向。

其结果，青少年游手好闲、犯罪率攀升、生母虐子等社会问题频发。究其根本，源于心灵的荒芜。心志萎缩、缺少磨炼，才导致上述现象。

没有灌输正确的认识也是问题之一，然而，真正不辞劳苦、勤恳尽责的人，即便没有接受过这种教育，也能通过辛勤劳动领悟出来。

二宫尊德——
劳动提升人格

二宫尊德并无满腹经纶，不过是一介农夫。孩提时双亲亡故，寄居在叔父家，干着佃农的活，起早贪黑。

他求知欲旺盛，夜晚在油灯下夜读，叔父责怪其浪费灯油而大怒，于是只得中断学习。

即便如此，他依然披星戴月地

在田地里劳作。不久，农活已经得心应手，技艺超群，贫瘠的村庄在他的手中接二连三地恢复了生机，众人交口称赞。

晚年二宫尊德为德川政权的将军府所起用，与众多的武士、诸侯一同上殿。他的仪态举止、言辞谈吐，无一不让人误以为他出身贵族。

原为一介农夫，不曾学过礼数，却落落大方，温文尔雅，言语考究，不禁让人追问其缘由。

从早到晚扛着锄头、铁锹在田间劳作，二宫尊德的经历是劳动磨砺心志的明证。

换言之，唯有脚踏实地、勤勉工作，才能磨砺心志——我是这么认为的。

棒球磨炼品性

想必诸位也有所了解，具备一技之长者，即便是木匠，也会成为木工翘楚。看他们的电视专访，全都人品出众。

运动界也不例外，心无旁骛、潜心练习、不断进取的选手，其人格品性无不经过千锤百炼。

本月（2001年7月）《日本经济

新闻》"我的履历书"专栏的主人公是"铁臂投手"稻尾和久。稻尾原就读于大分县一所默默无闻的高中，未能征战甲子园（日本高中棒球联赛的俗称，全称为全国高等学校棒球选手权大会。——译者注），于是加入了当时的西铁棒球队（西武前身）成为喂球投手（棒球队训练时，为了让击球手练习打击而投球的人称为"喂球投手"。——译者注），但他并未因此灰心丧气或愤愤不平。

1956 年，即我 1955 年大学毕业进入公司的一年后。当时，我的月薪是八九千日元。那一年，稻尾高中毕业，加入职业棒球队。

　　文中记载了稻尾的一段往事。稻尾是渔民家庭出身，棒球星探来到家中，堆上了50万日元的钞票当作契约金。母亲看见后，白了星探一眼，一挥手把钱推翻了。

　　尽管稻尾高高兴兴地加入了棒球队，但一同入队的田（隆幸）因曾经出战甲子园，被任为主力投球手，稻尾非常羡慕。两人结伴在场地练习，稻尾作为喂球投手，每天投球200个，日日不辍。

　　当时的西铁棒球队中，中西太、大下（弘）等高手挥舞球棒，击打出的球呼啸着与稻尾擦身而过，打在身上必死无疑。稻尾一边提心吊胆，一边每日投球 200 个。深知自己尚未进入名投手的行列，稻尾一声不吭，日复一日，投球不止。

有一次，稻尾问起一同入队的两名高中毕业，比自己名气大得多的选手："你的签约金给了多少？"一位回答是 500 万日元，另一位则回答是 800 万日元。他心想，如果问母亲为何瞥了一眼 50 万日元，就推翻了，她估计会要回答"棒球手每月的工资也得 50 万日元吧？"

差异正在于此！一般年轻人会对世事怨气重重，常生猜忌，而稻尾却总认为"那也无可非议"——那些家伙是出战甲子园的名投手，我名不见经传，本也在情理之中。他抱着这种想法，不声不响地持续投球。这样的人，吃苦耐劳，且甘之如饴。

虽然意识到被欺骗，稻尾却从没有一句怨言。他第一天最先出场，第二天中途上场，第三天又继续投球，如此这般，西铁队才获得了第一次优胜——总被这样呼来唤去，无限度地被派上场比赛，稻尾心里却毫无阴翳。

这位备尝辛苦、不断精进的棒球手所写的自传文章，让人感慨万千，赞叹不已。果然，倘若心性不完备，心志未曾经历磨炼，写不出那样的文章，那样的经验之谈。

文中也提到，高中时稻尾读的是商科，数学却什么都不会。原本不会打算盘就无法毕业，最终学校好歹网开一面，说这家伙特殊对待，准予毕业。

学习成绩不行，学业结束后开始的棒球人生，按理说应该并不会有多大出息。但稻尾专心致志地打棒球，最终锤炼成出类拔萃的人格。

劳动有多大的价值，从这段故事中也能品味出来。

呕心沥血，
提升心性

　　第四项修行是"忍辱"，即忍耐力。释迦牟尼佛祖认为，人生有各种遭遇，如果能承受屈辱并忍耐之，就能提升心性，塑造人格。

　　第五项修行是"禅定"。人世间终日喧嚣嘈杂，正因如此，至少一日一次，静心打坐。我们总是火急火燎，东奔西跑，即便不打坐，哪怕略微控制心绪，平复心情，即为禅定。能做到上述五项，从而抵达宇宙的"智慧"之境——释迦牟尼佛祖称之为"开悟"。

布施、持戒、精进、忍辱、禅定——这五项修行是提升心性的基础，通向开悟的捷径，由此提高人格、塑造人性。

我着重强调，企业经营者必备的哲学理念中，最重要的是利他之心，即"布施"。

另外，经营者要"持戒"，即遵守戒律，不可任性妄为；经营有道，分清是非曲直。经营者还需要"精进"，付出不亚于任何人的努力，吃得苦中苦。

　　换言之，我们为企业经营而呕心沥血，努力奋斗，便会提高人格，提升心性。

　　提高人格，提升心性，百折不挠，成为一个"更好"的人，临终之时问心无愧——这至关重要，也正是人生的目标。

心境高，人生顺

提升心性，塑造人格，如此一来，将会如何？

通过事业，我们全力以赴地修行，塑造杰出的人格，那么，将会抵达何方？人格高尚，自然会向善、行善。

在因果报应法则的作用下，人生会走上坡路，事业也会随之逐渐有起色，一切都迎刃而解。

如此三番，心境好转。之前自视甚高，一心谋利，如今却能够解脱这种束缚，通观全局。

虽说尚未悟道，仅仅视角略微转变，你却更富洞察力。

例如，同行为争夺市场占有率而竞争。你就能发现魑魅魍魉、你争我抢、机关算尽、洋相尽出、乌烟瘴气。

又例如，估摸着那家伙再这样下去会吃苦头，还眼睁睁见他摔了跟头——人为欲望纠缠时看不清脚下。世间种种，大抵如此，如今我却看得一清二楚。

如此一来，即便不去争抢，你也唾手可得，甚至从天而降——从互不相让的蜂拥人群的夹缝中漏出来，掉到自己头上，真是不可思议。

当然，我这么说，并非让诸位只是旁观，也必须得要工作。目光从个人的贪欲上转移，人才能耳聪目明，洞悉事物的真相。

人生在世，勤于磨炼心志，事情才能顺利进展。因果报应法则也是同理，通过自己的心志看待事物。

事业的发展过程中，诸位要不囿于眼

前，而是通过心灵观察事物。如果我们心境高远，魑魅魍魉就无处遁形，也就能看清贪婪顽固的人们如何互相争抢，堕入饿鬼道（六道轮回之一，佛教中指犯悭贪嫉妒者所受惩罚。——译者注）的人们如何蠢蠢欲动。

置身其间，就会豁然开朗——自己应当如何过一生。

在这一意义上，塑造人格、提升人性是头等大事——这就是人生的目标。

付出不亞於
任何人的努力

活法的真髓

稻盛和夫箴言集

1

1

我们凡事倾向于考虑得过分复杂。其实，事物的本质十分单纯。即便乍一看盘根错节，也不过是简单事物的组合而已。

《活法》

2

人生的结果＝思维方式 × 热情 × 能力，这个方程式揭示了普通人的成功法则。相较于才华出众却懒惰的人，才能平平却满腔热情、不甘落后的人更能成就大事。此外，思维方式决定了人生能否成功。

《活法贰：追求成功的热情》

3

首先要付出"不亚于任何人的努力"。"不亚于任何人的努力",其深度和广度都无穷无尽——换言之,一心一意,任劳任怨,勤勤恳恳。功夫不负有心人,灵魂正因此而不断净化。

　　　　　　《活法肆:人生与经营的法则》

4

即便家财万贯，声名显赫，统率众人显耀于世，死亡降临，人生画上句点之时，肉体等有形之物统统不能带走。然而，并非一切都归于虚无。我相信，只有人内心最深处的"灵魂"才会作为其人一生的结果存留下来，甚至可以带往来世。人生的目的是塑造至美之灵魂。依我看来，我们被赋予生命，正是为了在人生——这一特定的时间与空间中——磨砺灵魂。

《活法叁：人生的王道》

5

即使你急功近利，明天也不可能跨越今天提前到来。到达你向往的目的地，没有"一跨千里"即刻可到的捷径。千里之行，始于足下。要实现远大的理想，只能靠一步一步、一天一天踏实努力的积累。

《活法》

6

为实现大志，必须集结众人之力。此时，至关重要的便是西乡所言之"正确的道义"。志向高远、埋头苦干的人，其周围自然会聚集志同道合者。同伴逐渐增多，不久便可以实现当初无法想象的伟大成功。

《活法叁：人生的王道》

7

一个念头到它最终实现，需要经历一定的时间，并不是今天产生的一个善念，明天就立刻会得到善果。然而，从 20 年、30 年的时间跨度上来看，得失必相吻合。

《活法肆: 人生与经营的法则》

8

我认为，一个人的"善念"能够让自己的命运变得更好。因为利他的美好想法顺应了宇宙的法则。在宇宙间涌动着一种让所有事物都得以成长发展的力量。这种力量就被称作为宇宙法则。而是否能够顺应这个宇宙法则最终决定了我们每个人的命运。

　　　　《活法肆：人生与经营的法则》

9

考验并不是单指苦难，成功也是上天给予的考验。陶醉于微不足道的成功，沾沾自喜，目中无人，这样的人，最终必将沉溺于自身无止境的欲望中，不可自拔。忘记谦逊美德的经营者所掌舵的企业，从无长久持续繁荣的先例。

《活法叁：人生的王道》

10

提升心志就是带着比呱呱落地时稍稍美好的心灵告别人世。死亡时的灵魂比出生时略有进步，就是心灵稍经磨炼的状态。抑制自我放纵的情感，让心灵宁静，让关爱之心萌芽，让利他之心滋长，哪怕是一点点。让我们与生俱来的灵魂向美好的方向变化，这就是我们人生的目的。

《活法》